TESTAMENT

DE

MADAME LA DUCHESSE

DE POLIGNAC.

AuJOURD'HUI 3 août 1789, Moi.....
duchesse de Polignac, saine de corps,
quoique plus d'une fois, j'aie fait courir des
risques à ma santé dans mes fougues amou-
reuses; saine de tête & d'esprit, pour la
premiere fois de ma vie; réfléchissant à la
multitude & à l'énormité des crimes que
m'ont fait commettre mon orgueil, mon
ambition, & mon goût désordonné pour
le libertinage & les débauches en tous gen-
res; considérant que la mort est certaine,
mais que le moment auquel elle m'enlevera
de ce monde est incertain; convaincue,

A

même par l'expérience de mes anciens & fidéles ferviteurs, de Launay, de Fleffelles, Foulon, Berthier, & autres, que lorfqu'on eft auffi coupable que je le fuis, la vengeance publique peut accélérer ce moment fatal ; & qu'en pareille pofition, il eft prudent de mettre ordre à fes affaires, pour éviter les inconvéniens d'une furprife ; ai fait & écrit de ma main mon prefent teftament.

Je recommande mon ame à Dieu, s'il eft encore poffible de la garantir des griffes du diable ; & je fupplie la vierge & tous les faints du paradis, d'être mes interceffeurs auprès de l'être fuprême dont j'ai, jufqu'ici, méconnu la grandeur & la juftice. Oui, vierge fainte, & vous, glorieux habitans de la cour célefte ! daignez jetter un regard de compaffion fur une miférable péchereffe qui n'a plus de reffource, que dans la miféricorde divine : ce n'eft que par votre puiffante médiation, que je puis en obtenir les effets falutaires.

Je fupplie le roi, la reine, & la nation,

de m'accorder le pardon de tous mes for-
faits dont j'ai déjà fait, en partie, l'aveu par
ma confeſſion publique, imprimée & dif-
tribuée à la fin du mois de juin dernier. Les
remords cuifans qui déchirent ma conſcien-
ce, me forcent à leur avouer encore, que
cette confeſſion que j'ai eu grand foin de
cacher au roi & à la reine, n'était qu'une
rufe de ma part, afin de raſſurer les français,
en leur perfuadant par mon feint repentir,
que la cabale infernale qu'ils redoutaient,
était anéantie jufques dans fes fondemens ;
& de profiter de leur fécurité pour rallier
fous mes drapeaux, les membres de cette
odieufe cabale, & les encourager avec une
nouvelle ardeur, & dans l'ombre du myf-
tere à perfeationner l'horrible plan dont
l'intrépidité des parifiens a fu prévenir l'é-
xécution. Je dois, enfin, confeſſer à toute la
terre, que mes intentions & celles de mes
complices & adhérens, étaient, bien réelle-
ment, d'employer les moyens les plus cri-
minels, de faire couler, s'il l'eût fallu,
jufqu'à la derniere goutte du fang du peuple

français, pour diſſoudre à jamais l'aſſemblée nationale ; & que le motif qui nous avait portés à un parti ſi exécrable, était d'empêcher le paiement des dettes de l'état, & l'admiſſion des projets d'économie, & des réformes par leſquelles on ſe propoſe de l'effectuer : nous conſidérions cette opération comme notre anéantiſſement, parce qu'elle devait nous réduire, comme de ſimples roturiers, à borner nos dépenſes à nos revenus, & nous laiſſer à la merci de nos créanciers qui ne ſont pas en petit nombre. C'était une banqueroute qu'il nous fallait ; peu nous importait l'honneur de la monarchie & du monarque : par cette voie infâme, les revenus de la France ſe trouvaient doublés, ſans faire crier le peuple par de nouveaux impôts, puiſque tous les capitaux une fois éteints, il n'y aurait plus eu d'intérêts à payer, plus de caiſſe d'amortiſſement ; la recette eût alors excédé la dépenſe de plus de deux cents millions par année, & cet excédent de recette, ſur lequel nous avions jetté notre dévolut, nous aſ-

(5)

furait la poſſibilité de continuer, aux dépens
de l'état, notre vie débauchée & nos orgies
ſcandaleuſes. L'avouerai-je enfin ! c'eſt dans
mon cœur corrompu , dans mon ame
de boue , que de ſi noirs projets avaient
leur ſource; c'eſt moi qui ai tout aviſé,
tout conſeillé, tout dirigé : je ſuis la femme
la plus criminelle qui fut jamais ; je ſuis un
monſtre ; mais enfin je ſuis repentante ;
pour cette fois, mon repentir eſt ſincére : je
ſuis partie de la cour avec la rage dans le
cœur ; je n'y trouve plus que le remords
accompagné de ſes plus horribles tourmens.
Je mérite la mort : que dis - je ! la mort
la plus affreuſe n'expierait pas mes crimes ; mais elle réparerait encore moins
les malheurs qu'ils ont cauſés : qu'on laiſſe
donc agir en moi la nature ou le déſeſpoir ;
c'eſt la ſeule grace que j'implore de tous
ceux qui ont tant de ſujets de me déteſter.

Je donne & légue au roi, & je ſupplie
très-humblement ſa majeſté d'accepter un
tonneau d'élixir de longue vie ; afin que la
reſtauration de ſon royaume, & l'amour de

fes fujets le dédommagent , pendant une longue fuite d'années, de toutes celles que je lui ai fait paffer dans le trouble & les chagrins. Un roi vertueux comme Louis XVI devrait être immortel.

Je donne & légue à la reine , & je fupplie très - humblement fa majefté d'accepter une pierre de touche du cœur humain, de laquelle je me fuis toujours fervie avec fuccès , pour diftinguer les coquins d'avec les honnêtes gens, les imbéciles d'avec les gens fpirituels & clair-voyans. Tant que j'ai eu quelqu'influence fur l'organifation de la cour , & fur les opérations du gouvernement , mes vues criminelles m'ont toujours déterminée à donner ou à faire donner aux premiers, les places, la confiance & l'autorité qui ne devaient être accordées qu'aux feconds : l'expérience de plufieurs années prouve que je ne me fuis jamais trompée dans mon choix. Mais la reine, délivrée de mon exécrable préfence & de mes perfides confeils, fera de cette pierre, j'en fuis sûre, un ufage bien différent. Sou

cœur est naturellement bon , juste, honnête & compatissant ; qu'elle n'écoute que
lui ; qu'elle n'agisse que d'après ses impul-
sions : alors la probité seule pourra comp-
ter sur son appui ; elle n'admettra que des
personnes honnêtes pour l'aider de leurs
lumieres & de leurs conseils ; les français
retrouveront en elle, avec un plaisir inex-
primable , cette aimable dauphine , cette
mere tendre qu'une scélerate comme moi
pouvoit seule leur faire méconnaître ; ils la
chériront comme ils la chérissaient avant
qu'il n'y eût des Polignac à la cour ; le trône
& la nation se trouveront enfin réunis par
une confiance méritée de part & d'autre,
& par les liens indissolubles d'un amour
réciproqne.

Je donne & légue à Monsieur , frere du
roi , une phiole contenant un élixir com-
posé de courage & d'énergie ; c'est tout
ce qui lui manque pour faire un prince
accompli , & pour assurer aux français l'efficacité de ses intentions patriotiques, &
des sages conseils que ses connaissances

A 4

profondes , & fon amour pour la juftice & l'humanité , le rendent capable de donner à fon augufte frere.

Je donne & légue à monfeigneur comte d'Artois, la moitié de mes remords, dans la crainte que les fiens ne fuffifent pas pour l'amener affez promptement à un parfait repentir. Plus , un traité de l'homme, à l'aide duquel , apprenant à fe connaître , ainfi que ce qu'il doit à tous les autres hommes , il puiffe fentir un jour jufqu'à quel point il s'eft laiffé égarer par la flaterie de fes vils courtifans , & gémir fincérement fur tous les maux qu'il a faits & voulu faire à fes concitoyens , defquels il devait être le plus zélé protecteur. Je lui légue , en outre , dix-huit mille paquets (c'eft-à-dire un pour chaque jour de fa vie) d'une poudre que je viens de compofer , qui a la propriété d'éteindre toutes les paffions , & de rendre le plus riche & le plus grand prince de la terre, fi modéré dans fa dépenfe , qu'il puiffe vivre heureux avec dix mille livres de rente :

cette réduction conviendra fort à monfeigneur , pour payer fes dettes que je
crois confidérables , & qui , je le gagerais
bien , ne feront pas comprifes dans le
compte des finances de l'état. Enfin , pour
que ma poudre opére fur monfeigneur
des effets plus certains , je lui confeille de
fe mettre en penfion chez le fieur de
Montyon fon chancelier , qui , jouiffant
d'environ cent mille écus de rente , ne
dépenfe jamais plus de douze fols par
jour pour fa nourriture ; favoir cinq fols
pour fon déjeûner , confiftant en deux ta-
blettes de mauvais chocolat ; & fept fols
pour fon dîner compofé d'une limonade , ou d'une bavaroife , & deux petits
pains. (1)

---

(1) (*Note de l'Editeur*). La gloutonnerie & la
gourmandife de ce Montyon, lorfqu'il eft à la ta-
ble d'autrui , ce qui lui arrive ordinairement tous
les foirs , prouvent que c'eft par avarice , & non
par vertu , qu'il eft fi fobre chez lui. Il donne toutes
les femaines un fouper très-bourgeois , finon quant
aux convives, du moins quant aux mets. S'il refte

Je donne & lègue à monseigneur le duc d'Orléans .... Mais que puis-je donner d'utile à un prince qui réunit toutes les vertus & tous les cœurs.

---

un morceau d'aloyau, ou de poitrine de veau , (car on ne trouve chez lui ni gibier ni volaille , à moins qu'on ne lui en ait fait présent) il en mange tant que le morceau dure, & se remet ensuite à la limonade ou à la bavaroise , jusqu'au souper de la semaine suivante. Il ne se sert jamais deux fois d'un tailleur qui prend plus de qurante sols pour façon d'une culotte, quiqu'il n'en fasse faire qu'une en trois ans , étant presque toujours chez lui sans culotte jusqu'à sept heures du soir. Sa place de chancelier lui vaut 32,000 liv. par an, tant en appointemens fixes qu'en droits casuels : il a , de plus, 1000 liv. spécialement affectées à l'entretien d'un suisse ; il fait payer à ce suisse 600 liv. de pension, pour la soupe, un mauvais bouilli, & une pinte d'eau par jour ; il lui donne 300 liv. de gages, & bénéficie, par conséquent, sur lui, des autres 100 liv., & du profit de la pension. Il a, enfin, 8000 liv. spécialement affectées aux frais de bureau; il fait réduire ces frais à 2200 liv.; savoir 2000 liv. pour deux secrétaires, 200 liv. pour papier, encre, plumes & chauffage ; reste 5800 liv. qu'il met en poche. Il

Il n'en eſt pas de même de meſſeigneurs les princes de Condé, de Bourbon, d'Enghien & de Conti ; je ſais mieux que perſonne, tout ce dont ils ont beſoin , & ce que je devrais leur léguer, ſi je ne craignais de renouveller les chagrins du bon roi , qui a le malheur d'avoir de ſi mauvais parens : cette conſidération que je conſeille à ma patrie de reſpecter , autant néanmoins que ſa ſûreté & celle du trône pourront le permettre , arrête le cours de mes libéralités : je donne & lègue ſeulemeut à chacun d'eux, une copie des ſta-

---

trafique encore ſur la place de garde des archives qui eſt à ſa nomination , & dont les appointemens ſont fixés, & payés par le prince. Ce qui rend inconcevables l'avarice & l'avidité de cet original, c'eſt qu'il n'a ni femme, ni enfans, ni maîtreſſe, & qu'il ne s'inquiéte pas s'il exiſte des pauvres. Il a fait, depuis un an , des démarches incroyables pour arriver au miniſtere. Il étoit bien aſſez intéreſſé pour qu'on fût aſſuré de ſa complaiſance & de ſon entier dévouement; mais on l'a trouvé trop bête & trop entêté, & l'on n'en a point voulu.

tuts du monaſtére de la Trape, les exhortant à s'y renfermer pour y finir ſaintement leurs jours , & y expier noblement , par une pénitence volontaire , leurs torts envers la nation , dont un des plus grands chagrins a été de trouver des Bourbons au nombre de ſes ennemis.

Je voudrois qu'il fût en mon pouvoir de réparer tous les maux que j'ai faits à monſieur Necker : c'eſt à l'entrevue que j'ai eue à Baſle avec cet homme extraordinaire , que je dois mes remords & mon repentir. Que d'intrigues, que d'impoſtures , que de fourberies j'ai miſes en uſage pour le contrarier dans ſes ſages opérations, & le perdre ! Furieuſe de ne pouvoir lui ravir la confiance du roi & de la nation, j'ai tenté pluſieurs fois de le faire périr par des voies ſourdes : le génie tutélaire de la France a pu, ſeul, le garantir de tous les attentats médités contre ſa vie. Oh ! le plus vertueux des miniſtres ! le nombre & le rang de tes perſécuteurs , leur acharnement paſſé, & leur confuſion préfente, font l'éloge de tes vertus & de tes talens ; l'impuiffance de leurs coups doit ranimer ton courage : mais je les connais ; gardes-toi d'être affez confiant pour te livrer entiérement à eux.

Je donne & légue à ce digne ami des français & de leur roi, un paquet d'un contrepoifon à toute épreuve, que je lui confeille de porter toujours avec lui.

Les treize parlemens de France ont befoin de tant de chofes, que je crains qu'en les plaçant à la fin de mon préfent teftament, il ne me refte pas de quoi leur donner tout ce qui leur eft néceffaire ; & qu'en les plaçant ici, il ne me refte pas fuffi-famment pour les autres perfonnages que je defire gratifier de mes libéralités : au refte je vais pourvoir aux plus preffans de leurs befoins, laiffant, avec confiance, aux fages repréfentans de la nation, le foin de fuppléer à mes bonnes intentions pour ces braves magiftrats.

Premierement, je donne & légue à chaque parlementaire une douzaine de tablet.

tes de ma compofition contre la rage ; car
il y a lieu de penfer que lorfqu'il fera quef-
tion d'eux à l'affemblée nationale , ils auront tous des attaques violentes de cette
affreufe maladie qui , à ce que l'on m'a dit,
vient déjà de fe déclarer dans la perfon-
ne du nommé de Mémai confeiller au
parlement de Befançon , & feigneur de
Quincey.

Plus, je donne & légue à chaque par.
lementaire une bouteille d'eau du fleuve
d'oubli , pour leur faire perdre le fouve-
nir de leur grandeur paffée : mon inten-
tion n'eft cependant pas qu'ils puiffent ou-
blier leurs injuftices ; j'ajoute, au contrai-
re, à chaque bouteille ci-deffus , une phiole
remplie des larmes des malheureux qu'ils
ont facrifiés, afin d'exciter en eux des remords qui les accompagnent jufqu'au
tombeau.

Plus , je donne & légue à chacun des
treize parlemens un creufet à toute épreuve , dans lequel , en refondant le magiftrat
ambitieux , intéreffé , orgueilleux , paf-

fionné , ignorant, préfomptueux, injufte ; fcandaleux dans fes mœurs , ufurpateur des droits de la nation & du fouverain, &c. , on parviendra sûrement , en ajoutant à la refonte trois onces de fcience , fix de bon fens, trois livres de patriotifme, pareille dofe d'humanité, & fix livres de pudeur, à en faire un juge intégre & éclairé ; qui faura refpecter fon caractere , fe reftreindre aux devoirs qui y font attachés ; & rendre à chaque citoyen la juftice qui lui fera due, fans diftinction de rang, de crédit ou de fortune. Je conviens , cependant, qu'il eft encore des magiftrars vertueux qui n'auront pas befoin de cette refonte ; mais le nombre en eft fi petit, qu'il eft bien rare que leurs vertus puiffent produire leur effet.

Plus, je donne & lègue à tous parlementaires n'ayant encore ni barbe ni raifon, & c'eft malheureufement le plus grand nombre, le corps du droit romain, le recueil général des coutumes du royaume, & le recueil général des ordonnances de nos

rois ; à condition qu'ils s'abstiendront de dé-
cider de l'honneur, de la vie & de la fortune de leurs concitoyens, jusqu'à ce qu'ils
soient en état de répondre à toutes les
questions qu'on pourra leur faire sur les
matieres traitées dans ces différens recueils
de légiflation.

Je donne & légue au parlement de Bor-
deaux, en particulier, une somme de
24,000 liv, pour le dédommager des frais
du voyage qu'il a fait à Versailles, afin d'obtenir la révocation de la conceffion que je
m'étais fait faire des alluvions des rivieres de
Garonne & de Dordogne.

Je donne & légue à M. Duval d'Espré-
ménil, une quadruple dôfe de mon reméde
contre la rage ; car je ne doute pas qu'il
n'ait des rechutes effrayantes de celle qui
l'a déjà tourmenté en 1788 ; & comme
j'apprends qu'il est dans la réfolution de re-
joindre la cabale fugitive, je lui donne &
légue en outre, un mafque reprefentant la
figure d'un honnête homme, afin qu'il puiffe
voyager en sûreté, en cachant la fienne
qu'on

qu'on reconnaîtrait dans tout l'univers, pour celle d'un fourbe, d'un scélérat & d'un proscrit.

Je donne & légue à l'abbé Maury, une de mes robes, un turban, & cent louis, pour aller prêcher le despotisme à Constantinople, ses maximes ne pouvant plus lui servir en France, qu'à le conduire au réverbére de la grêve.

Je donne & légue aux gardes-françaises, & à chacun d'eux, non de l'argent, car ces braves citoyens ont prouvé qu'ils ne sont avides que de gloire; mais une médaille d'or representant, d'un côté l'aristocratie sous la figure d'un monstre hideux, ayant les oreilles faites en forme de crosse, huit plumes blanches au sommet de la tête, une corne en forme d'épée au milieu du front, & les narines semblables à deux canons de pistolets, terrassé par plusieurs gardes-françaises ; & representant de l'autre côté, les armes de France.

Je donne & légue au prince de Lambesc, une rente viagere de cent louis, pour exer-cer la premiére place vacante de valet-debourreau ; le fang-froid & la célérité avec lefquels il égorgeait les parifiens aux thuileries, le 12 juillet dernier, lui ferviront de certificats de capacité ; & j'efpére qu'en confidération de ce que je fournis fes appointemens, le nommé Samfon, exécuteur des hautes - œuvres à Paris, lui donnera la préférence fur tous autres concurrens.

Je donne & légue audit Samfon, exécuteur des hautes-œuvres, une fomme de 12,000 liv., pour lui tenir lieu d'indemnité au fujet des exécutions des de Launay, de Fleffelles, Foulon, Berthier, & de toutes autres exécutions femblables qui lui ont été ou pourraient lui être foufflées, au mépris de fon privilége exclufif, pour les opérations de cette efpéce.

Je donne & légue à l'archevêque de Paris, une voiture neuve de la valeur de deux cents louis, pour le dédommager de celle qu'on lui a brifée à coups de pierres à Verfailles, vers la fin du mois de juin dernier. Plus, une culotte également neuve valant 48 liv., pour l'indemnifer de celle qu'il a percée en implorant à genoux, vers la même époque, les bontés du roi, en faveur de la cabale.

Je donne & légue à Maître Barentin, le premier emploi de bailli qui viendra à vacquer dans un des petits fpectacles de Paris : je penfe que c'eft la retraite la plus honorable qui puiffe convenir à un perfonnage qui a fi dignement rempli la place de garde des fceaux ; je charge mon exécuteur teftamentaire, de faire les fonds de fes appointemens, fitôt que l'emploi fera vacant.

Je donne & légue à certain Jofeph, auffi fincére ami des turcs, que zélé protecteur des moines, fix grains d'un vomitif que je crois capable d'exciter à rendre tout ce qu'on ne poffède pas légitimement. N'ayant jamais éprouvé ce reméde, je ne voudrais pas en garantir l'efficacité ; au furplus, je puis affurer que, s'il produifait l'effet que je défire, les français, tout en me déteftant, pourraient m'avoir encore quelque obligation.

Je donne & légue à M. Laurent de Villedeuil, une régle, un équerre & un com-

pas, à charge par lui de reprendre la pro-
feſſion d'architecte qu'exercait ſon pere.

Je donne & légue au maréchal de Broglie
un piſtolet tout chargé, pour ſe bruler la
cervelle : c'eſt le ſeul parti qui reſte à pren-
dre à un général qui a eu la baſſeſſe de
vendre ſes ſervices aux ennemis de ſa patrie
& de ſon roi.

Je donne & légue à M. le Febvre d'Amé-
court, l'uſufruit, ſa vie durant, d'un des
plus noirs cachots qui exiſtent en la con-
ciergerie du palais à Paris, & cent-cinquante
liv. de rente viagére pour ſa nourriture :
c'eſt la moindre récompenſe due à un juge
qui a toujours fait métier de vendre la
juſtice au plus offrant, & de ſacrifier à ſes
paſſions, l'honneur, la vie & la fortune
des malheureux.

Comme je préſume qu'on va diminuer la
fortune & les occupations de MM. les fer-
miers-généraux, par une ſuppreſſion ſalu-
taire des fermes générales, je donne &
légue à cette reſpectable compagnie, mon
hôtel ſitué rue des Saint-peres à Paris, &
dans lequel je vais faire conſtruire une ſalle

de spectacle assortie de toutes les décora-
tions nécessaires. Je leur donne & légue
également un répertoire de comédies & de
tragédies, auxquelles je fais travailler en ce
moment trente poëtes que j'ai trouvés dans
le fauxbourg Saint - Marcel, lesquelles
comédies & tragédies auront pour sujets,
sauoir les premieres, les amours & les anec-
dotes les plus piquantes de la vie de ces
Messieurs ; & les secondes, les événemens
les plus tragiques, de ceux qu'ont causés
leurs vexations dans toute l'étendue du
royaume. Le present legs fait, à condition
qu'ils donneront au public, quatre repré-
sentations au moins par semaines, de quel-
ques-unes desdites piéces, & que les rôles
de femmes seront remplis par leurs maîtres-
ses. Il y assez long-temps que nous diver-
tissons ces honnêtes gens, pour qu'ils nous
divertissent à leur tour.

MM. les intendans des provinces étant
menacés du même sort que MM. les fermiers-
généraux, je leur donne & légue tous les
instrumens nécessaires pour un orchestre
complet, avec une collection de musique

en valeur de 12,000 livres; à condition qu'ils fe rendront tous à Paris pour compofer l'orcheftre du fpectacle ci - deffus, & même qu'en cas d'indifpofitions de quelques acteurs, ils fe chargeront de leurs rôles.

Je donne & légue à MM. de la Bafoche, & à chacun d'eux une cocarde aux couleurs de la ville, & une épée, pour reconnaître le zele avec lequel ils ont contribué jufqu'à préfent à la fûreté & à la fubfiftance de la capitale ; je les prie néanmoins, en confidération du préfent legs, de remettre à la ville les deux canons & le mortier qui font dans la cour du palais, pour être placés dans tel lieu public, libre & non clos, qui fera trouvé convenir (1).

Ayant tenu note exacte de tous ceux que j'ai fait participer à mes faveurs, lefquels font au nombre de 143, & de toutes les of-

____

(1) (*Note de l'Editeur*). Tout ce qu'on appelle groffe artillerie, appartenant exclufivement à la nation, & ne pouvant être qu'à fon ufage, ne doit jamais être laiffé à la difpofition d'un corps parti-

frandes que j'ai faites à Vénus avec chacun en particulier, lefquelles font au nombre de 5291, je donne & légue à chacun
d'eux mon portrait ; plus, auffi à chacun

---

culier ; d'un corps, fur-tout, qui a toujours manifef-
té des prétentions à l'autorité, & qui, dans ce moment, pourrait encore vouloir lutter contre la ré-
orme qui le menace. Ce danger peut n'être qu'une
chimére, & je me plais à le croire; mais il peut auffi
devenir une réalité ; & quoique deux canons foient
infuffifans pour que le parlement de Paris puiffe fe
flatter d'une réfiflance efficace ; il faut toujours empêcher qu'on ne puiffe s'en fervir pour répandre du
fang inutilement.

L'éditeur croit devoir encore obferver que, quelques foient les priviléges réclamés par MM. de la bafoche, ils ne peuvent avoir, ni prouver celui de faire
une corporation particuliere dans la garde bourgeoife
de Paris. Toute corporation nationale ne peut reconnaître d'autre titre que celui de citoyen; ni d'autres
priviléges que ceux attachés à ce titre : l'organifation
de l'affemblée nationale en eft une preuve fans répli-
que ; d'où l'on doit conclure que MM. de la bafoche,
& par la même raifon, MM. de l'école de chirurgie,
doivent faire le fervice, chacun dans leur diftrict, fans
aucune marque diftinctive, & que la garde du palais
doit être faite par le diftrict dans lequel il fe trouve;
& non par MM. de la bafoche exclufivement.

d'eux, un nombre d'écus égal au nombre des preuves qu'ils m'ont données de leur vigueur : tous ces détails font exacts fur ma note que l'on trouvera, dans mon fe-crétaire, jointe à mon contrat de mariage.

Je nomme pour mon exécuteur teftamen-taire M. le duc de Polignac mon très-digne époux, le priant de remplir exactement tou-tes mes intentions, & fur-tout d'acquitter avec le plus grand zele mon dernier legs ci-deffus, & de faire chercher avec foin tous ceux que ma note lui indiqura, pour leur donner la part qui leur en fera due.

Defirant donner toute la publicité poffi-ble à mon préfent teftament, j'en adreffe une copie au directeur charitable qui a ré-pondu à ma confeffion du mois de juin der-nier, le priant de le faire imprimer & diftri-buer dans toute l'étendue du royaume.

Telles font mes dernieres volontés; en foi de quoi j'ai figné.

La Ducheffe DE POLIGNAC.

De l'Imprimerie de LAPORTE, rue des Poitevins, hôtel de Bouthillier.

www.ingramcontent.com/pod-product-compliance
Lightning Source LLC
LaVergne TN
LVHW021758210726
843510LV00016B/698